CONTRIBUTION A L'ÉTUDE

DU

FERMENT GLYCOLYTIQUE DU SANG

PAR

Le Dʳ Frédéric ARONSSOHN

LICENCIÉ ÈS SCIENCES PHYSIQUES
PRÉPARATEUR ADJOINT AUX TRAVAUX PRATIQUES DE CHIMIE
DE LA FACULTÉ DE MÉDECINE DE PARIS

PARIS

VIGOT FRÈRES, ÉDITEURS

23, PLACE DE L'ÉCOLE-DE-MÉDECINE, 23

1902

CONTRIBUTION A L'ÉTUDE

DU

FERMENT GLYCOLYTIQUE DU SANG

PAR

Le Dr Frédéric ARONSSOHN

LICENCIÉ ÈS SCIENCES PHYSIQUES
PRÉPARATEUR ADJOINT AUX TRAVAUX PRATIQUES DE CHIMIE
DE LA FACULTÉ DE MÉDECINE DE PARIS

PARIS

VIGOT FRÈRES, ÉDITEURS

23, PLACE DE L'ÉCOLE-DE-MÉDECINE, 23

1902

A LA MÉMOIRE DE MON PÈRE

A MA FAMILLE

A M. LE PROFESSEUR JACCOUD

Membre de l'Académie de Médecine.

A M. LE PROFESSEUR PANAS

Membre de l'Académie de Médecine.

A M. LE PROFESSEUR PINARD

Membre de l'Académie de Médecine.

A M. LE PROFESSEUR AGRÉGÉ SCHWARTZ

Chirurgien des Hôpitaux

Qui ont guidé mes premiers pas dans l'étude des différentes branches de la médecine.

A M. LE DOCTEUR RIBAN

Professeur à la Faculté des Sciences.

Mon premier Maître en chimie.

Hommage respectueux et reconnaissant.

A M. LE PROFESSEUR ARMAND GAUTIER

Membre de l'Institut.

*Qui m'a fait l'honneur d'accepter la présidence
de ma thèse.*

Introduction.

Le ferment glycolytique a été surtout étudié sous
le rapport de ses propriétés et de ses variations. Peu
d'auteurs ont essayé de rechercher les produits qui
prennent naissance par disparition du glucose dans
le sang.

Exception faite pour l'acide carbonique et peut-
être l'acide lactique, on ne connaît aucun autre com-
posé résultant nettement de la glycolyse. Si les recherches qui ont certainement été faites n'ont pas
abouti, ce doit être à cause de la difficulté de faire des
séparations dans un milieu aussi complexe que
le sang d'une part ; et d'autre part, vu la puissance glycolytique relativement minime du sang, on
ne peut songer à trouver de fortes quantités de produits. Ces conditions défavorables sont encore aggra-
vées si l'on songe à la grande sensibilité du ferment
à toutes sortes d'agents et de réactifs.

Je pensais donc qu'avant d'aborder ce problème
avec quelque chance de succès, il faut obtenir, sinon
du ferment glycolytique pur, ce qui aujourd'hui avec

les connaissances que l'on a sur les ferments solubles est presque impossible ; mais seulement posséder un produit doué d'un fort pouvoir glycolytique.

C'est dans cet esprit que j'ai tenté un certain nombre d'expériences, les unes sur l'extraction du ferment ; les autres sur l'action de l'acide lactique et du carbonate de soude, espérant trouver là des conditions de suractivité du ferment.

Ces expériences font l'objet de cette thèse. Un premier chapitre est consacré à l'exposé de quelques propriétés du ferment glycolytique, le second renferme la technique, le troisième concerne une tentative de préparation d'un ferment actif ; enfin les deux dernières parties sont relatives à l'action de doses croissantes d'un acide et d'un alcalin.

Le ferment glycolytique du sang.

Le phénomène fondamental qui met ce ferment en évidence : la destruction du sucre dans le sang *in vitro*, avait été nettement observé par Claude Bernard (1); mais c'est à M. le professeur Lépine de Lyon et à ses collaborateurs que nous devons la connaissance de cet enzyme et celle de ses principales propriétés.

Le ferment glycolytique existe dans le sang inclus dans les globules blancs. Cette théorie fut combattue par M. Arthus qui ne voyait dans la glycolyse qu'un processus cadavérique tout à fait comparable à la formation du fibrin ferment.

Parmi de nombreuses expériences, une était particulièrement embarrassante pour l'hypothèse de M. Lépine : Une jugulaire de cheval gorgée de sang étant isolée entre deux ligatures, le sang contenu à l'intérieur garde son glucose sans diminution.

(1) Claude Bernard, Critique expérimentale sur la glycémie, *C. R.*, 1876, t. LXXXII, p. 1405.

MM. Lépine et Barral levèrent complètement la
difficulté d'interprétation en faisant observer, que si
l'on tourne de temps en temps la jugulaire bout pour
bout, de façon à maintenir les globules en suspension
dans le plasma, on voit rapidement décroître la quantité de glucose contenue dans le sang.

En effet les globules du sang de cheval se déposent
avec une grande facilité dans le plasma. Or le ferment glycolytique étant contenu dans les leucocytes,
il faut que le sucre pénètre ces éléments figurés. Si
dans la jugulaire les globules se rassemblent dans
une extrémité, ils ne détruisent que le glucose du
plasma qui les environne et le reste sera inaltéré.
Au contraire par agitation constante les échanges
osmotiques sont activés.

Actuellement donc la question est tranchée, le
ferment glycolytique existe dans les globules blancs
du sang circulant.

Si la glycolyse est active dans le sang *in vitro*
cela ne tient qu'aux changements éprouvés par les
éléments histologiques du sang. Ils laissent alors
extravaser le ferment normalemnt contenu dans leur
protoplasme.

Ainsi s'expliquent les curieuses expériences de
M. Arthus avec le fluorure de sodium et l'oxalate de
potassium, de Colenbrander et de Rywosch avec la
propeptone et l'extrait de sangsue ; et en général
toutes les recherches effectuées avec des agents capables
d'agir sur les globules blancs.

Le fait que les leucocytes sont les éléments dans
lesquels existe le ferment glycolytique, permet de

comprendre pourquoi ce phénomène de la glycolyse n'est pas localisé au sang, mais paraît avoir lieu dans tout l'organisme. On rencontre partout des globules blancs.

Actuellement l'on tend même à considérer la glycolyse comme une propriété absolument générale du protoplasme, il y aurait simplement prédominance du pouvoir glycolytique dans certaines cellules, au nombre desquelles les leucocytes.

MM. Lépine et Barral ont fait voir en effet, qu'il y avait des lieux de production du ferment ; entre autres le pancréas dont les altérations sont en relation directe avec le pouvoir glycolytique du sang.

Le ferment glycolytique serait plus actif ou en plus grande quantité l'hiver que l'été. Dans le sang *in vitro* l'on a le maximum de glycolyse dans les heures suivant la saignée, pour M. Arthus l'activité maximum aurait lieu quarante-huit heures après l'issue du sang hors des vaisseaux. Ensuite le ferment disparaît graduellement.

La température agit puissamment sur ce ferment, dont l'action nulle à 0° va croissant jusqu'à une température de 54° environ ; au delà de laquelle la glycolyse cesse brusquement. A 54°5 il y a destruction irrémédiable du ferment.

Ce dernier n'est pas insensible aux quantités de glucose, en présence desquelles il se trouve ; il possède une suractivité d'autant plus marquée qu'il y a plus de sucre dans le sang.

Ce fait cadre mal avec la notion de l'indépendance de l'énergie d'un ferment par rapport aux quantités de matières à transformer. Aussi M. Duclaux reste-t-il perplexe pour admettre cette propriété. Le fait annoncé par MM. Lépine et Barral est cependant confirmé d'autre part par M. Arthus. Il ne saurait guère être question d'erreurs d'expériences dans ces conditions, il faut voir là une propriété spéciale au ferment glycolytique.

Celui-ci ne possède pas le pouvoir de détruire le glucose seulement, M. Portier (1) a fait voir qu'il agit également sur le galactose, le lévulose et le maltose. Au contraire il est sans action sur le xylose, le lactose et le saccharose.

La plupart des réactifs ralentissent ou tuent le ferment *in vitro*, peu lui sont indifférents, l'on ne signale guère que le curare (L. Butte) et l'oxygène qui lui soient favorables.

L'acide carbonique, que l'on suppose être un des produits de destruction du sucre, retarde la glycolyse. Mais vient-on à enlever ce gaz, le sang reprend son pouvoir glycolytique initial. Le vide diminue de même l'activité du ferment.

Certains produits ne gênent la glycolyse que par l'entrave qu'ils apportent à la diffusion du ferment hors des globules blancs au moment de la saignée. Par exemple le fluorure de sodium ajouté immédiatement au sang jaillissant du vaisseau, l'empêche de coaguler et en même temps le pouvoir glycolytique

(1) Portier, Sur la glycolyse des différents sucres. *C. R.*, t cxxxi, p. 1217.

est nul. Si l'on n'ajoute le fluorure qu'après quelques instants la glycolyse n'est plus entravée.

Cette expérience est une de celles au moyen desquelles on tentait de démontrer la non-existence du ferment dans le sang circulant.

MM. Lépine et Barral l'expliquent par l'action du fluorure sur le globule. Dans le premier cas cet élément est tué et ne laisse pas exsuder ses ferments, dans la deuxième expérience la coagulation et les changements globulaires concomitants permettent la dissolution du ferment dans le sang.

Le ferment glycolytique est susceptible d'éprouver de grandes variations sous l'influence de l'expérimentation physiologique. Je rappellerai seulement les expériences de MM. Lépine et Barral sur l'extirpation du pancréas, la ligature du canal de Wirzung, la section des nerfs du pancréas, l'injection de phloridzine, l'asphyxie, etc. ; elles font toutes varier, en sens divers et dans des proportions très grandes, le pouvoir glycolytique du sang de l'animal traité.

Je passe ce sujet qui entraînerait hors de la question, il appartient à la pathogénie du diabète sucré. Il en est de même pour les résultats cliniques, je me borne à rappeler les grandes différences qui existent entre les divers états pathologiques. Le pouvoir glycolytique défini par M. Lépine « la perte pour 100 de sucre que le sang subit s'il est maintenu une heure au bain-marie à 38-39° » étant de 25 pour l'homme à l'état physiologique, il tombe à 2 dans un cas de diabète sucré et pour une pneumonie s'élève au contraire à 35.

Quant aux réactions qu'effectue le ferment glycolytique en détruisant ou transformant le sucre, elles
sont inconnues

La nature des produits élaborés n'est donc pas dé-
terminée au moins totalement; car d'après MM. Kraus
et Seegen, il y a production d'acide carbonique pendant la glycolyse. M. Seegen signale en plus l'acide
lactique, soupçonné autrefois par Claude Bernard.
M. Arnaud n'admettant pas l'idée d'une destruction de glucose dans le sang circulant, croit à une
déshydratation du glucose et transformation de celui-
ci en glycogène.

Le ferment agirait pour Spitzer par oxydation
puisqu'il y a, d'après Seegen et Kraus, dégagement
d'acide carbonique, mais Nasse fait observer la rareté
des oxydations directes dans les tissus et considère
la glycolyse comme un phénomène d'oxydation indi-
recte aux dépens de l'eau ; ce qui corrélativement
amènerait une action complémentaire d'hydratation.

M. le professeur A. Gautier l'a démontré d'ailleurs
depuis longtemps (1), le sang est presque l'unique
siège des phénomènes d'oxydation, grâce à la grande
quantité d'oxygène disponible qu'il contient, sous
forme d'oxyhémoglobine. Dans les autres tissus les
réactions d'hydratation sont générales.

En définitive le ferment glycolytique agirait probablement comme convoyeur des éléments de l'eau,

(1) Collection Léauté, *La chimie de la cellule vivante*, par
M. le professeur Gautier.

dissociant cette dernière et fixant l'oxygène sur le glucose puis reformerait de l'eau avec l'hydrogène restant et l'oxyhémoglobine, et le cycle recommencerait.

Technique expérimentale.

Toutes les expériences sur le ferment glycolytique
se ramenant à des dosages de glucose dans le sang,
les auteurs qui ont étudié cette question ont décrit
avec détails les différents procédés employés au cours
de leurs travaux.

Je ne les exposerai pas ici et me contenterai de donner la technique que j'ai suivie, ainsi que les raisons
m'ayant amené à modifier l'une des nombreuses méthodes déjà existantes. Je dois ajouter que cette technique est analogue à part certains détails à celles dé-
crites entre autres par MM. Dastre et Arthus (1).

Le sang renferme à l'état physiologique du sucre,
fait établi par Claude Bernard ; mais les travaux de
ces dernières années ont montré que si le glucose
existe bien dans le sang en nature, il n'en est pas

(1) Dastre, Dosage du sucre dans le sang. *Arch. Physiol.*,
1891.

M. Arthus, Glycolyse dans le sang et ferment glycolytique.
Arch. Physiol., 1891.

moins vrai qu'il n'y est pas seul (M. Hanriot, Hédon) (1), il est accompagné en quantités variables par d'autres corps réducteurs dont en particulier l'acide glycuronique et parfois d'autres sucres (Lépine et Boulud).

Dès lors toutes les méthodes de dosage fondées sur la réduction des réactifs cupro-potassiques étaient fautives, le réactif totalisant les corps réducteurs. Aussi MM. Lépine et Boulud recommandent-ils de faire les dosages de sucre dans les extraits sanguins par les différentes méthodes de dosage connues ; c'est-à-dire au moyen du polarimètre, de la fermentation alcoolique, de la liqueur cupro-potassique et complémentairement refaire ces manipulations après hydrolyse pour le cas où il resterait des polysaccharides.

Ces mesures fournissent des nombres différents, lequel choisir pour le glucose, aucune de ces méthodes ne donnant une valeur certaine ? C'est donc par interprétation que l'on conclut le titre de glucose de l'extrait examiné. Sans vouloir critiquer le principe même du procédé je dirai que la question des dosages se posait un peu différemment pour moi. Je ne cherchais pas à obtenir des valeurs absolues mais simplement des résultats comparatifs. Aussi pour tourner l'inconvénient résultant de la présence des matières réductrices étrangères, j'ai à l'exemple d'autres expérimentateurs décuplé au moins la quantité

(1 Hédon, *Compt. Rend. Soc. Biologie*, 50, p. 510, année 1898.

Hanriot. *Compt. Rend. Soc. de Biologie*, 50, p. 543, année 1898.

de glucose contenue dans le sang. L'erreur due aux produits réducteurs accessoires se trouve donc diminuée dans des proportions telles que l'on peut la négliger.

MM. Lépine et Arthus ont fait voir que l'enrichissement en glucose, d'un sang, active la glycolyse. M. Duclaux ne l'admet que sous réserves, comme contraire aux propriétés des ferments solubles. Je rappellerai simplement que je n'ai cherché que des nombres comparatifs et dans certains cas n'attachant même pas d'importance aux chiffres, je n'ai considéré uniquement que la présence ou l'absence de la glycolyse. Ces variations du ferment par addition de sucre ne touchent donc en rien aux conclusions tirées de mes expériences.

La difficulté résultant de la présence de substances réductrices étrangères étant évitée, le dosage du glucose par les liqueurs cupro-potassiques devenait applicable à mon cas particulier ; et c'est de cette méthode que je me suis servi.

Le sang étant glucosé, les prises d'essai n'ont plus besoin comme pour le sang normal de mesurer environ 50 centimètres cubes mais simplement 10 centimètres cubes. Ces prélèvements sont versés dans environ 50 centimètres cubes d'eau bouillante, que je n'additionne d'aucun réactif contrairement à ce qui est couramment recommandé.

Le coagulum bien formé par une ébullition de quelques minutes nage dans un liquide troublé par les albuminoïdes non rassemblés et imparfaitement précipités. A ce moment, et c'est une des modifications que j'ai introduites, j'éteins le feu et le

liquide cessant de bouillir j'ajoute une goutte d'acide
acétique dilué :

Acide acétique cristallisable...   25 centim. cubes
Eau q. s. pour faire............   100 cc.

En agitant avec une baguette, le liquide trouble se
transforme immédiatement ; les albuminoïdes se con-
densant en flocons suspendus dans une liqueur absolument limpide et incolore.

J'insiste sur ce petit détail, car pour peu que l'on
s'écarte des conditions énoncées on a un insuccès et
nécessairement des ennuis pour la filtration d'un
liquide chargé en impuretés. Laisse-t-on bouillir le
coagulum pendant que l'on ajoute l'acide acétique, on
a une redissolution des albumines avec toutes ses
conséquences ; laisse-t-on au contraire refroidir un
peu avant de verser l'acide, alors on n'a plus de précipitation. Enfin si l'on met plus d'une goutte du
mélange acide on obtient aussi une redissolution des
albumines.

La clarification, obtenue dans de bonnes conditions, donne un coagulum en grains fins et un liquide
absolument limpide et incolore. (L'addition de glucose
au sang nous ayant amené à prendre seulement
10 centimètres cubes de sang par prélèvement, il s'en-
suit que l'on n'a que peu de coagulum).

On jette sur un petit filtre sans plis, le liquide passe
avec la facilité de l'eau pure ; le coagulum restant
est enlevé délicatement avec un agitateur aplati en
stapule courbe. On écrase ces fragments de sang cuit
dans la capsule qui a servi en premier lieu, et l'on

fait bouillir à nouveau quelques minutes avec 50 centimètres cubes d'eau et sans autre addition d'acide
acétique. On rejette sur le filtre, le liquide qui
est resté limpide passe de nouveau rapidement.
On recommence encore une fois la même manœuvre
mais pour finir, le coagulum étant à sec sur le filtre
on rabat le papier sur le précipité. Mettant le tout
dans la presse à sang on exprime vigoureusement.

En réalité je crois la diffusion au moins aussi efficace que la presse pour de petits coagulums, le glucose se trouve aussi bien extrait du précipité par
l'ébullition avec l'eau seule, que par adjonction de
l'expression. Les manipulations avec la presse entraînent toujours des pertes de liquide, tandis que la
filtration suivie de l'enlèvement du coagulum resté sur
le filtre et sa remise en suspension peuvent être
effectuées sans aucune perte. Il y a donc au moins
compensation et dans ce cas la recherche de la simplicité dans les opérations amène à supprimer les manœuvres d'expression, au moins lorsque le coagulum
n'est pas trop volumineux.

Ces traitements terminés l'on est en présence d'un
liquide contenant encore de nombreux produits autres que le glucose. Les plus gênants sont sans aucun
doute les composés azotés, albuminoïdes, leucomaïnes,
etc. Ils réagissent pour une part sur les liqueurs cupro-potassiques et viennent fausser les résultats d'une
façon d'autant plus fâcheuse qu'ils sont en quantités
indéterminées et variables.

La plupart des auteurs ont préconisé des méthodes
de purification, mais actuellement le meilleur réactif

est sans contredit l'acétate de mercure dont les propriétés remarquables, comme précipitant des corps azotés, ont été démontrées par M. le professeur A. Gautier, dans ses travaux sur la préparation et le dosage du glycogène (1).

Je ne pouvais mieux faire que d'appliquer l'acétate de mercure à la purification des liqueurs provenant de l'épuisement du sang. Le but à atteindre étant exactement de même nature que pour le dosage du glycogène : débarrasser la solution sucrée de ses impuretés d'origine albuminoïde. Je n'eus pour ainsi dire qu'à suivre exactement la méthode décrite par M. le professeur A. Gautier.

Le liquide à défequer étant porté à l'ébullition, je pulvérise deux grammes d'acétate neutre de mercure avec un peu d'acétate de potasse et après les avoir délayés dans quelques centimètres cubes d'eau, je verse le tout dans la liqueur à l'ébullition. On laisse au contact une douzaine d'heures en agitant de temps à autre.

Avec les quantités de sang contenues dans une prise d'essai, et le poids d'acétate de mercure que je donne, on est certain d'avoir un excès de sel mercuriel dans la liqueur. On peut néanmoins s'en assurer en ajoutant une petite dose de sel dans une portion de liqueur claire. il ne doit pas se former de précipité même après plusieurs minutes.

On filtre le liquide surnageant le précipité, ce der-

(1) Armand Gautier, Préparation et dosage du glycogène. *C. R.*, 1899. tome cxxix, p. 701.

nier qui est très dense est centrifugé. J'employais une machine à quatre tubes dont chacun présentait une capacité de 50 centimètres cubes environ. Grâce à son poids, toute la masse solide se rassemble rapidement en un culot compact ; on décante donc très facilement le liquide surnageant sans aucune perte, si l'on a soin : d'éviter les à-coups du démarrage et de l'arrêt de la centrifugeuse, de ne point trop remplir les tubes et autres petites précautions. Il n'y a pas à redouter d'accidents par ce procédé, infiniment plus avantageux que la filtration.

On remet en suspension le précipité dans une solution d'acétade mercurique à 1 pour 100, et cela dans les tubes mêmes de l'appareil ; au bout de quelques minutes on centrifuge à nouveau. On peut admettre le précipité complètement épuisé après trois opérations semblables.

Toutes les liqueurs filtrées réunies renferment du mercure en excès. Je m'en débarrasse par l'hydrogène sulfuré gazeux à refus, puis j'élimine l'excès d'acide sulfhydrique par un courant d'air traversant la liqueur froide. Il n'y a pas à craindre ainsi une altération possible des traces de sucre, contenues dans la solution, sous l'influence de la forte quantité d'acide acétique mis en liberté, si l'on venait à chauffer pour faciliter le départ de l'acide sulfhydrique.

On enlève le sulfure de mercure par la centrifugation, exactement comme pour le précipité albumomercuriel. Enfin on neutralise exactement par de la potasse très étendue l'acide acétique restant et l'on complète à un volume connu. Dans mes expériences 250 centimètres cubes en général.

Avec un peu d'habitude on ménage ses volumes de liquides d'épuisement de façon à obtenir directement le volume final.

Si pour toute autre raison il en était différemment, il faudrait concentrer, de préférence dans le vide, et en ayant soin de laisser la liqueur plutôt un peu acide.

Quant au dosage du glucose dans ce liquide, j'ai adopté le procédé de Causse à la liqueur de Fehling ferrocyanurée. Procédé adapté aux dosages de sucre dans le sang par M. Arthus.

Je vais indiquer seulement le mode opératoire, renvoyant, pour les détails relatifs à la justification de la méthode, au mémoire original.

La liqueur de Fehling employée est préparée selon la formule de Violette. On l'étend avec une solution de ferrocyanure de potassium faite extemporanément.

Ferrocyanure de potassium............	5 grammes
Eau q. s. pour faire.................	1750 c. c.

Il importe de s'en tenir à cette formule, les variations du ferrocyanure ayant une influence.

La liqueur cupro-potassique destinée au dosage s'obtient par le mélange suivant qui ne se conserve pas :

Liqueur de Violette.......	250 centimètres cubes
Solution de ferrocyanure...	1750 — —

Pour effectuer les titrages de sucre, il faut prendre 10 centimètres cubes de ce mélange et l'introduire dans le petit ballon de l'appareil imaginé par Claude Bernard (1).

La liqueur étant à l'ébullition et le jet de vapeur bien régulier, on verse goutte à goutte par la burette du liquide sucré sans interrompre l'ébullition. La coloration bleue de la liqueur cuprique faiblit jusqu'à devenir incolore; c'est le terme de la réaction, on note le volume versé.

Il est bon de faire plusieurs dosages successifs, tout dépendant de l'aptitude de l'opérateur à saisir les variations de couleur. Pour cette même raison il faut titrer de suite la liqueur cupro-potassique. Différentes méthodes peuvent être employées, mais celle que j'ai adoptée évite les erreurs causées par les variations de la dilution du glucose et de la liqueur de Violette.

Ce réactif étant préparé avec un peu de soin, son titre est très approché du chiffre théorique.

On peut donc savoir grossièrement à combien correspond une prise de dix centimètres cubes de liqueur ferrocyanurée et par conséquent quel serait le titre de la solution de glucose analysée, si la liqueur était parfaite et les causes d'erreurs qu'il faut éviter, nulles.

Possédant une liqueur relativement concentrée de sucre interverti pur, on prépare une dilution du titre approximatif que l'on vient de calculer.

---

(1) Dispositif figuré dans les *Arch. de Physiol.*, 1891, p. 544.

Se servant alors de cette liqueur, dont la force en sucre est connue exactement, pour décolorer dix centimètres cubes du réactif cuivrique ; on arrive à verser un volume très voisin de celui du liquide à analyser.

Un simple calcul donnera le résultat cherché avec le maximum d'exactitude, car toutes les corrections et les erreurs sont évitées puisque l'on est identiquement dans les mêmes conditions et pour le titrage de la liqueur ferrocyanurée et pour le titrage du liquide à examiner.

Résumant ma technique, d'ailleurs applicable au dosage ordinaire du sucre du sang ; l'on peut se rendre compte qu'elle n'est pas, parmi celles donnant des résultats précis, l'une des plus difficiles ni des plus longues à employer.

1° Prélèvements de sang versés en petits filets dans l'eau bouillante pure et après que l'ébullition a cessé, addition d'une trace d'acide acétique ;

2° Épuisement à plusieurs reprises du coagulum par l'eau bouillante seule ;

3° Les liquides filtrés portés à l'ébullition sont additionnés d'acétate de mercure en excès, accompagné d'acétate de potasse ;

4° Le mélange abandonné à lui-même une douzaine d'heures est centrifugé, le liquide clair est filtré, le précipité est traité plusieurs fois par une solution d'acétate mercurique étendue ;

5° Tous les filtrats réunis sont traités par l'hydrogène sulfuré. On enlève l'excès de ce dernier par courant d'air et le sulfure de plomb par les méthodes usuelles.

Le liquide neutralisé est amené à volume connu ;

6° Le dosage du glucose est fait au moyen de liqueur de Violette ferrocyanurée. Le titre de cette dernière étant établi au moyen d'une solution de sucre de même force à peu près que celle du liquide examiné.

Je terminerai l'exposé de la méthode suivie dans mes expériences en faisant observer que dans tous les cas sans exception, j'ai employé le thymol comme antiseptique. Je l'ajoutais à l'état pulvérisé dans tous mes liquides.

Une antisepsie plus absolue par le fluorure de sodium, ainsi que le recommande M. Arthus, ne m'a pas paru avantageuse. Ce produit est malgré tout fort nuisible au ferment glycolytique, il diminue énormément son activité, et au cours de mes expériences j'opérais déjà sur des produits à faible pouvoir glycolytique.

De plus l'échantillon de sang témoin était exactement dans les mêmes conditions que les autres, et enfin mes expériences ont toujours été de courte durée.

Dans ces conditions même avec un antiseptique comme le thymol qui n'est pas d'une puissance énorme, mais qui est cependant une entrave sérieuse au développement des microorganismes, et vu le caractère essentiellement comparatif de mes expériences, je crois pouvoir légitimement attribuer au ferment glycolytique les diminutions de glucose observées.

Le thymol étant ajouté en excès, j'admets que les liquides expérimentés en renfermaient environ 3 gr. par litre ; en m'appuyant sur la solubilité de cet antiseptique, dans l'eau, qui est égale à ce chiffre.

Le sang employé était celui de chien. Afin d'éviter les perturbations possibles avec l'anesthésie chloroformique (1), l'animal était saigné directement par introduction d'une canule dans l'artère fémorale.

(1) Lambert et Garnier, *C. R.*, cxxxii, p. 493.

Essai de préparation du ferment glycolytique du sang.

Différents savants ont fait de nombreuses tentatives déjà, pour extraire ce ferment du sang. MM. Lépine et Barral par un lavage, des globules du sang, au sérum artificiel, lavage suivi d'une macération de quelques heures, avaient obtenu un liquide pauvre en matières albuminoïdes et ayant un pouvoir glycolytique très notable.

Produisant un précipité de phosphate de chaux dans la liqueur, ils virent ce dernier acquérir le pouvoir glycolytique. Mais ces savants n'avaient pu aller plus avant par suite de l'impossibilité de séparer le ferment d'avec le phosphate tricalcique. Le pouvoir glycolytique ne se manifestait plus dans les produits obtenus, quelque traitement que les auteurs aient employé pour faire la séparation.

M. Arthus de son côté ayant essayé la précipita-

tion du ferment par l'alcool, ne put réussir à l'obtenir.
Il fait observer que le succès dépend peut-être des
concentrations à donner aux liqueurs alcoliques pré
cipitantes.

J'ai tenté à mon tour quelques expériences relatives
à cette préparation. Partant de ce fait que le sulfate
d'ammoniaque est un sel neutre et qu'il précipite à
peu près totalement à froid les albuminoïdes, je cherchais à voir si le précipité retiendrait le ferment ; ou
si au contraire ce dernier resterait dans le liquide.

Cette dernière hypothèse était hasardeuse, car les
ferments solubles sont généralement entraînés par les
précipités. Ce précipitant devait en tout cas déter-
miner le moins de perturbations possible dans le
mélange complexe en expérimentation ; en effet le
sulfate d'ammoniaque est neutre et j'ai eu soin pour
cette raison de ne faire aucune addition d'acide ou
d'alcali au liquide. D'ailleurs dans le sang il n'y a
guère que des globulines et des albumines, produits
que le sulfate d'ammoniaque à saturation précipite
bien en liqueur neutre.

Je commençai donc à me mettre en possession d'une
solution de ferment débarrassée grossièrement d'albuminoïdes, c'était toujours autant d'éliminé. Je m'a-
dressai au procédé de MM. Lépine et Barral.

EXPÉRIENCE

Un chien étant saigné par l'artère fémorale, on recueille le
sang dans une capsule refroidie et on provoque la coagulation par battage. La fibrine est séparée par filtration sur coton
de verre.

On centrifuge 155 centimètres cubes de sang défibriné, au bout d'une heure, on décante 35 centimètres cubes de sérum que l'on remplace par autant d'une solution de chlorure de sodium à 7 grammes par litre. On mélange bien et laisse au contact pendant vingt heures à la température de $+ 10°$ au plus.

La macération terminée, je sature le mélange avec du sulfate d'ammoniaque en cristaux arénacés (obtenus par cristallisation troublée). Cette opération effectuée et m'étant assuré de la présence d'un excès de sel, j'ai 200 centimètres cubes de mélange.

Je filtre le tout à la trompe sur une plaque de porcelaine trouée et garnie d'un papier filtré. Le liquide passe limpide et exempt de toute coloration due à l'hémoglobine. (Les globules sont en effet fortement contractés). Je recueille ainsi 108 centimètres cubes de liquide.

Afin de pouvoir comparer les activités respectives du liquide et du précipité ainsi obtenus je les amène à égale dilution. Ce qui à cause du précipité qu'il fallait redissoudre, nous donne un volume de 208 centimètres cubes pour chaque liqueur.

Enfin j'ajoutai à chaque solution 50 centimètres cubes d'un mélange de glucose thymolé (glucose, 10 grammes, thymol, 3 grammes, dissous dans un litre d'eau).

Nous avons donc à étudier la glycolyse dans deux liqueurs que je désignerai par des lettres pour plus de clarté. L'une A provenant du précipité par le sulfate d'ammoniaque et l'autre B provenant du filtrat de cette précipitation.

On prélève 30 centimètres cubes de chaque et les verse dans de l'eau bouillante pour tuer le ferment et avoir ultérieurement le titre initial en glucose des liquides.

La prise de liqueur A contenant beaucoup d'albuminoïdes fut précipitée dans 150 centimètres cubes d'eau, tandis que celle de la solution B le fut dans 30 centimètres cubes environ.

Aussitôt après ces prélèvements les liqueurs sont immergées

(contenues dans des fibres coniques à minces parois) dans un bain-marie à température constante de 38° à 39°.

Après une heure dix minutes on fait deux nouvelles prises de 30 centimètres cubes traitées comme les premières et destinées à apprécier le glucose restant dans les liqueurs.

Les deux prélèvements de la liqueur A furent traités ensuite différemment de ceux de la liqueur B ; en effet pour la solution A on est en présence de coagulums volumineux, c'est l'inverse pour le liquide B.

Je vais exposer le traitement des prises d'essai de la liqueur A. Les opérations destinées à nous donner les liquides propres aux dosages de sucre ne diffèrent pas de la méthode que j'ai décrite dans le deuxième chapitre consacré à la technique.

Je la rappelle dans ses phases principales. Le caillot exprimé à la presse à sang (à cause de son volume) est bouilli à trois reprises. On réunit les liqueurs, je les précipite à l'acétate mercurique, puis centrifugeant je sépare le liquide. Le précipité est lavé plusieurs fois avec de l'acétate de mercure à 1 pour 100. Toutes les solutions sont rassemblées et reçoivent un courant d'hydrogène sulfuré, l'excès de gaz est ensuite enlevé par courant d'air, le sulfure de mercure l'est à la centrifugeuse. Après lavage de ce dernier et saturation exacte des liquides par la potasse étendue, on concentre par distillation sous 2 à 3 centimètres de mercure et à une température comprise entre 35° et 45°, jusqu'à un petit volume. Finalement on amène l'extrait à 100 centimètres cubes exactement.

Le traitement des prélèvements de la liqueur B est plus simple vu sa composition. On filtre et lave à fond les quelques matières arrêtées car il n'y a pas de précipité important.

Par suite d'une erreur on est obligé d'amener les liquides à 130 centimètres cubes.

Le dosage de ces solutions sucrées a été fait par la liqueur de Fehling ferrocyanurée selon le procédé décrit plus haut.

On a obtenu les chiffres suivants :

Liqueur A qui, je le rappelle, est la solution du précipité par le sulfate d'ammoniaque :

Glucose par litre de liqueur initialement..	4 gr.	29
— après bain-marie........	4 —	18
Soit donc une perte en sucre de..........	0 —	11

Liqueur B, c'est-à-dire dilution du liquide séparé du précipité.

Glucose par litre de liqueur initialement...	6 gr.	02
— après bain-marie........	4 —	92
Soit une perte en sucre de...............	1 —	10

Le sulfate d'ammoniaque en précipitant les albuminoïdes du sang ne détruit donc pas le ferment glycolytique, au moins d'une façon totale. Et de plus le ferment passe dans le liquide séparé par filtration dudit précipité.

Mais si l'on considère la technique de cette expérience de près, on trouve des défauts sérieux, entre autres :

1° Dans les liqueurs sucrées venant de A et servant au dosage ne reste-t-il plus d'ammoniaque ?

2° Dans les liqueurs venant de B le sulfate d'ammoniaque n'est pas éliminé du tout.

Or l'ammoniaque n'est pas favorable aux dosages de sucre par le réactif cupro-potassique.

Dans le cas particulier les erreurs sont théoriquement éliminées puisque l'on calcule sur les différences, et que les chiffres obtenus le sont dans des conditions identiques pour chaque groupe de liqueurs.

Cependant pour plus de certitude je cherchai alors à éliminer dans mes liquides l'ammoniaque contenue et cela d'une façon absolue, afin de ne pas avoir recours à des raisonnements pour la justification de mes résultats.

Il fallait trouver une réaction qui ne complique pas trop ces analyses déjà longues à préparer, d'autre part il fallait écarter tout ce qui pouvait détruire une portion du sucre contenu en quantité minime dans les liquides.

Je fis des essais nombreux dont je ne mentionnerai que les principaux. On pouvait mettre à profit soit la volatilité de l'ammoniaque caustique ou carbonatée, soit sa précipitation engagée dans une combinaison insoluble.

Je vis d'abord que l'acétate de mercure employé en présence d'acétate de potasse ne donne pas une séparation complète.

J'essayai la baryte, songeant au déplacement de l'ammoniaque, mais elle donne dans les liquides un précipité compact dont on ne peut rien tirer, et de plus son contact avec le sucre n'est peut-être pas indifférent.

L'alcool fort ne dissolvant pas le sulfate d'ammoniaque, je fis l'essai suivant :

EXPÉRIENCE

Je pris une solution saturée de sulfate d'ammoniaque dans l'eau et la versai dans le double de son volume d'alcool.

Il y eut une abondante précipitation de cristaux. Par filtration et évaporation, le liquide abandonne une petite quantité de sel. J'avais là une séparation sommaire. c'était un acheminement vers le but proposé, restait l'élimination des dernières traces de sulfate d'ammoniaque.

Un dosage fait en précipitant 30 centimètres cubes d'une

solution saturée de sulfate d'ammoniaque dans 60 centimètres cubes d'alcool à 90° centésimaux, m'avait montré que le poids de sel non précipité était de 6 décigrammes.

Je pensais à nouveau au déplacement de la petite quantité d'ammoniaque restant par le carbonate de baryte ou à la rigueur par la baryte hydratée et le vide, combinés.

Au bout de vingt-quatre heures il y avait encore abondamment de l'ammoniaque dans une solution de sel à 1 0/0 traitée de la sorte par ces deux réactifs.

Renonçant au déplacement de l'ammoniaque, l'idée me vint alors d'entraîner cette base dans une combinaison insoluble, en adaptant le principe du procédé de dosage de l'urée de Liebig à mon cas spécial : au moyen de carbonate de soude alcaliniser la liqueur, puis faisant agir l'acétate de mercure au lieu du nitrate en ayant soin d'ajouter du carbonate sodique goutte à goutte pour neutraliser l'acide acétique mis en liberté, séparer ainsi l'ammoniaque en combinaison mercurielle. Le terme de la réaction devant être indiqué par une teinte jaune due au carbonate de mercure produit par un excès d'acétate de ce même métal. En admettant que ce qui se passe pour l'urée, c'est-à-dire que le mercure ne reste dissous que lorsqu'étant en excès toute l'urée est précipitée, se réalise également dans le cas présent. L'expérience suivante confirme cette façon de voir.

Expérience

Une dissolution de 1 gramme 220 de sulfate d'ammoniaque dans 200 centimètres cubes d'eau est alcalinisée fortement par du carbonate de soude, on y ajoute 6 à 8 grammes d'acétate de mercure broyé avec un peu d'eau. On a soin de maintenir l'alcalinité de la liqueur au moyen de carbonate de soude ajouté goutte à goutte, finalement on obtient un précipité teinté en jaune. Au début et probablement tant que l'ammoniaque ne fut pas totalement précipitée ce dernier était blanc pur. On centrifuge pour séparer le précipité, on le lave à plusieurs reprises avec de l'acétate de mercure à 1 pour 100.

Tous les liquides étant recueillis, je me propose d'y doser l'ammoniaque au moyen de la méthode de Kjeldahl.

Le mercure en excès est précipité, selon M. Maquenne, par l'hypophosphite de soude après addition d'acide sulfurique. La distillation est effectuée avec l'appareil de Schloesing Aubin. On reçoit les vapeurs dans de l'acide sulfurique normal. L'opération terminée, je titre l'acide restant.

L'ammoniaque est reçue dans 20 centimètres cubes d'acide sulfurique normal, après distillation on sature l'excès d'acide avec 18 centimètres cubes de potasse.

Or, 20 centimètres cubes d'acide normal sont saturés par 18 centimètres cubes de potasse employée.

Aucune portion, à moins d'un dixième de centimètre cube près, n'avait été saturée par l'ammoniaque. Donc, au plus, un milligramme et demi avait échappé à la séparation.

Ce procédé est donc rigoureux et permet la séparation totale du sulfate d'ammoniaque au moins dans des liqueurs en contenant environ un demi pour cent. Par contre, cette alcalinité nécessaire puis la forma-

tion d'un peu de carbonate de mercure n'allaient-elles
pas détruire un peu de glucose ?

J'étudiai donc cette question en faisant l'expérience
suivante :

Expérience

Ayant préparé une liqueur sucrée au moyen de 8 centimètres
cubes d'une solution de glucose à 10 pour 100 environ, étendus
avec 120 centimètres cubes d'eau, je fis deux prélèvements de
50 centimètres cubes chaque.

L'un, destiné à servir de témoin, fut étendu à 250 centimètres
cubes exactement, l'autre étant additionné de 5 grammes d'acétate mercurique, je précipitai ce sel par un excès de carbonate
de soude.

Après centrifugation, lavage répété du précipité par la solution d'acétate mercurique à 1 pour 100, puis élimination du
mercure en excès par l'hydrogène sulfuré (1), déplacement de
ce gaz par l'air, séparation du sulfure de mercure, neutralisation exacte du liquide, j'amenai au volume de 250 centimètres
cubes la liqueur obtenue.

On dosa dans cette liqueur et dans celle servant de témoin,
le glucose selon le procédé décrit.

Les résultats furent les suivants :

	Glucose par litre
Liqueur témoin..............	1 gr. 11.
Liqueur traitée par l'acétate de mercure...	1 gr. 11.

Il n'y avait donc pas eu de glucose détruit par la
présence du carbonate de soude et du carbonate de

(1) Afin de ne pas compliquer la description je sous-entends
dans cette expérience et les suivantes que la liqueur est acidi-
fiée avec de l'acide acétique avant de faire passer H^2S.

mercure. J'ai cependant voulu m'assurer une dernière
fois de l'exactitude de la méthode et j'en fis une nouvelle épreuve.

EXPÉRIENCE

Après avoir préparé une solution arbitraire de glucose, dans
les mêmes conditions et proportions que pour l'expérience
précédente, je fis deux prises de 50 centimètres cubes. L'une
devant servir de témoin fut amenée directement à un volume de
250 centimètres cubes. L'autre fut additionnée de un gramme
de sulfate d'ammoniaque.

La dissolution faite on ajouta 10 grammes d'acétate de mercure, broyés avec 50 centimètres cubes d'eau environ. Puis
goutte à goutte on versa du carbonate de soude jusqu'à coloration jaune persistante. On centrifugea, le précipité fut lavé plusieurs fois avec une solution d'acétate mercurique neutralisée
au carbonate de soude. Toutes les liqueurs recueillies, filtrées
puis précipitées par l'acide sulfhydrique, l'excès de réactif
enlevé par courant d'air ; on sépare le sulfure de plomb par les
procédés déjà mentionnés. Enfin on amène la liqueur à un
volume de 250 centimètres cubes.

Le dosage du glucose, dans ce liquide et dans la solution
témoin, donne les résultats suivants par litre :

Solution témoin...... .... 1 gr. 10
   —   Sulfate d'ammoniaque.... 1 gr. 10

Il y a concordance parfaite et cette méthode de
séparation du sulfate d'ammoniaque donne donc toute
garantie.

L'appliquant à notre expérience première relative
à la précipitation du liquide sanguin par le sulfate

d'ammoniaque nous lèverons les doutes émis sur la réalité du pouvoir glycolytique du liquide obtenu.

La présence du sel ammoniacal dans nos dosages primitifs pouvant rendre critiquable la conclusion tirée des chiffres donnés :

Expérience

Un chien est saigné au moyen d'une canule introduite dans l'artère fémorale, on défibrine le sang à la sortie du vaisseau par battage dans un récipient refroidi. On filtre sur coton de erre et l'on centrifuge 225 centimètres cubes de sang défibriné. Au bout de deux heures on décante 85 centimètres cubes de sérum, on les remplace par autant d'une solution de chlorure de sodium à 7 grammes par litre et après mélange on abandonne vingt heures à une température voisine et même plus basse que celle de 0° après addition de thymol.

La macération est saturée de sulfate d'ammoniaque en petits cristaux, jusqu'à avoir un excès de sel dans la liqueur. On filtre le tout à la trompe sur la plaque de porcelaine percée et armée de papier.

On prend 40 centimètres cubes de ce filtrat qui doit contenir le ferment et on l'additionne de 2 centimètres cubes d'une solution de glucose à environ 10 0/0.

On fait deux prises de 20 centimètres cubes chacune. L'une est bouillie aussitôt pour entraver le ferment ; l'autre est mise au bain-marie à 39-40° pendant une heure avec du thymol, temps après lequel on porte à l'ébullition.

Ces deux prises sont traitées identiquement en vue du dosage de glucose. On les verse dans deux fois leur volume d'alcool à 90°, il se forme un précipité de sulfate d'ammoniaque. On décante le liquide et à plusieurs reprises on fait bouillir la masse cristalline avec de nouvel alcool. Tous ces liquides mélangés abandonnent encore un peu de sulfate d'ammoniaque, on filtre et lave le petit précipité à l'alcool.

Cette solution alcoolique de glucose mélangée d'une faible quantité de sel ammoniacal non éliminé ainsi, est distillée sous pression réduite de 3 à 4 centimètres de mercure et à une température de 35 à 45°, on pousse la distillation presque à sec. On reprend les quelques centimètres cubes de résidu par environ 20 centimètres cubes d'eau et l'on ajoute 1 gramme et demi d'acétate mercurique, puis on alcalinise avec du carbonate de soude jusqu'à coloration jaune de la masse.

On centrifuge et lave le précipité à plusieurs reprises avec une solution d'acétate de mercure à 1 0/0 neutralisée avec du carbonate de soude. Les liquides sont réunis et filtrés, on fait passer de l'hydrogène sulfuré à refus après avoir eu soin d'acidifier à l'acide acétique.

L'acide sulfhydrique en excès étant déplacé par un courant d'air on sépare le sulfure de mercure par centrifugation, on lave ce précipité et finalement on amène après neutralisation au volume exact de 200 centimètres cubes.

Les solutions ainsi préparées pour le dosage ont donné les chiffres suivants :

	Glucose par litre
Liquide initial......................	1 gr. 69
Après une heure de bain-marie à 39-40°....	1 gr. 51

Il y a donc eu une glycolyse équivalant à la disparition de 0 gr. 18 de glucose par litre. Ce résultat est identique à celui de la première expérience et pourtant toutes les chances d'erreurs dans les dosages, dues à l'ammoniaque, avaient été écartées.

Je crois donc suffisamment établi le fait expéri-

mental suivant : dans une macération globulaire ré-
cente, le sulfate d'ammoniaque à saturation provoque un précipité total des albuminoïdes et le ferment
glycolytique se retrouve au moins en partie dans le
liquide séparé du précipité.

Ainsi que l'on peut s'en assurer, le liquide séparé
du précipité ne contient plus trace de substances albuminoïdes, le ferrocyanure de potassium acétique, le
réactif de Tauret et autres précipitants ne donnent
aucun trouble dans la liqueur obtenue.

Le ferment glycolytique existe donc dans cette
liqueur au moins débarrassé des albuminoïdes du sang,
mais par contre il est accompagné d'une grande quantité de sulfate d'ammoniaque et c'est l'élimination de
ce sel qui fait l'objet des expériences suivantes.

Je mis en premier lieu la dialyse à contribution.
Le sulfate d'ammoniaque devait diffuser avec une
grande facilité tandis que ferment devait rester sur le
dialyseur.

EXPÉRIENCE

Un chien ayant été saigné par l'artère fémorale, son sang
défibriné à la sortie du vaisseau par le procédé déjà décrit,
j'éliminai par centrifugation la majeure partie du sérum, puis
abandonnai à basse température les globules en macération
dans une solution de chlorure de sodium à 7 grammes par litre
ajoutée en remplacement volume à volume du sérum décanté.
Après une vingtaine d'heures de macération je saturai le tout
avec du sulfate d'ammoniaque solide ajouté en excès. Je filtrai
à la trompe sur plaque de porcelaine garnie de papier.

Le liquide limpide et incolore obtenu contenant par conséquent le ferment et du sulfate d'ammoniaque à saturation fut
mis à dialyser avec toutes les précautions que comporte ce
genre d'opération relativement à l'épreuve des papiers par-
chemins, etc.

Il importait d'obtenir une dialyse aussi intense et parfaite que
possible. J'utilisai donc le dialyseur en cascade décrit par
M. le professeur A. Gautier et figuré dans son *Traité de chimie biologique.*

Un courant d'eau distillée continu le traversa nuit et jour. Il
fallut cinq jours malgré la puissance de l'appareil pour enlever
le sulfate d'ammoniaque. Ce délai n'a rien de surprenant, le
liquide à dialyser est en fait une solution saturée de sulfate
d'ammoniaque, or, cela représente une liqueur à 760 grammes
de sel par litre.

On s'assurait des progrès de l'opération en prélevant de petites
portions de liquide auxquelles on ajoutait du chlorure de ba-
ryum chlorhydrique.

Le cinquième jour ce réactif n'accusait plus qu'un léger
louche, j'arrêtai la dialyse et aussitôt je mesurai le pouvoir
glycolytique du liquide resté sur le dialyseur.

Je pris 100 centimètres cubes de liquide, j'ajoutai 6 centimètres cubes d'une solution de glucose à 10 0/0 et je fis deux
prélèvements de 50 centimètres cubes. L'un bouilli aussitôt,
l'autre mis au bain-marie à 39-40° pendant deux heures.
Après ce délai on fit aussi bouillir cette portion. Les deux
liquides furent traités identiquement, on élimina le sulfate
d'ammoniaque restant avec deux grammes d'acétate de mercure
puis alcalinisation par le carbonate de soude jusqu'à précipité
jaune, on centrifugea et lava le précipité comme précédemment,
l'excès de mercure fut enlevé à l'hydrogène sulfuré.

On eut après ces différentes opérations, sur lesquelles je ne
reviens pas, deux liqueurs amenées à un volume de 250 centimètres cubes.

Le sucre étant dosé dans chacune on trouve exactement le même chiffre.

Glucose par litre............. 5 gr. 17

Il n'y a donc pas eu de glycolyse et par suite il n'y avait plus de ferment dans le liquide analysé. Je dis il n'y avait plus de ferment, car afin de ne pas embrouiller l'exposé de l'expérience, je n'ai pas mentionné au début qu'immédiatement après la filtration du précipité par le sulfate d'ammoniaque dans la macération globulaire, j'avais fait une mesure de la glycolyse dans le liquide destiné à la dialyse. Ce dosage avait été exactement fait comme les précédents et prouvait l'existence du ferment dans le liquide placé sur le dialyseur.

L'explication de cet échec peut être donnée de bien des façons, néanmoins je crois que le ferment s'est détruit dans la dialyse d'une façon spontanée. Il est très altérable, du sang abandonné à lui-même, dans les meilleures conditions, voit son pouvoir glycolytique décroître fort vite ; ainsi que MM. Lépine, Arthus l'ont démontré, le sang possède un pouvoir glycolytique maximum dans les premières heures suivant la saignée, ensuite ce pouvoir faiblit rapidement.

Il est donc problable que le ferment s'est détruit pendant la dialyse, l'hypothèse de sa perte par diffusion au travers de la paroi parcheminée, quoique n'étant pas impossible, offre cependant moins de vraisemblance.

D'une façon générale d'ailleurs la dialyse n'est jamais favorable aux ferments. Son application dans ce cas spécial était donc aléatoire.

En résumé, me servant du sulfate d'ammoniaque solide pour saturer une macération de globules sanguins dans du sérum physiologique, ces globules provenant de sang défibriné frais, j'ai obtenu par filtration de cette masse un liquide possédant un pouvoir glycolytique, exempt de matières albuminoïdes mais par contre contenant de fortes quantités de sulfate d'ammoniaque.

Ce liquide est donc remarquable par sa composition, l'existence.de ferments solubles dans un produit paraissant liée généralement à la présence de matières albuminoïdes. De plus contrairement aux propriétés que l'on assigne aux ferments, nous voyons ici un précipité d'albuminoïdes, produit au milieu d'un liquide contenant un ferment, ne pas fixer ce dernier ; bien plus, le ferment reste libre dans la liqueur baignant le précipité.

Je ferai observer toutefois que le précipité produit dans la macération globulaire par le sulfate d'ammoniaque, ne présente, quoique de nature albuminoïde, que fort peu l'apparence floconneuse mais plutôt l'aspect grenu. Or d'une façon générale ce sont les précipités volumineux et de nature colloïde que l'on cherche à produire dans les liqueurs, pour fixer les ferments.

Il ne serait donc pas surprenant que ce précipité par le sulfate d'ammoniaque ne soit pas propre à retenir le ferment, l'on a affaire dans ces conditions à un cas tout particulier.

MM. Lépine et Barral ont d'ailleurs démontré que le ferment glycolytique est fixé par le phosphate de chaux. Pour ce réactif au moins dont le pouvoir précipitant est général, le ferment glycolytique ne s'écarte pas de la règle commune.

Les quelques expériences que je viens de décrire laissent intacte la question de la préparation du ferment. J'ai obtenu ce dernier dans un milieu particulier mais pas plus que mes devanciers je n'ai pu arriver à produire un liquide dont l'activité serait plus grande que celle du sang, source du ferment ; au contraire toute manipulation que l'on fait subir au sang paraît amoindrir son pouvoir glycolytique et cela d'autant plus que l'on prolonge les manipulations plus longtemps.

Je ne ferai que mentionner une tentative, parmi d'autres, de concentration du liquide préparé par le sulfate d'ammoniaque, en se fondant sur la congélation.

Expérience

Du sang défibriné ayant été traité selon la technique précédemment indiquée, par le sulfate d'ammoniaque cristallisé en excès, je filtrai et recevant le liquide dans une capsule de platine je le soumis à une réfrigération énergique au moyen d'un mélange de sel marin et de glace pilée, la température ambiante étant voisine de 0°.

J'espérais ainsi obtenir la cristallisation d'une partie du sulfate d'ammoniaque et surtout la congélation de la majeure partie de l'eau. En décantant l'eau mère, cette dernière eût contenu la totalité du ferment et l'on aurait possédé une solution encore impure mais riche en ferment. La rapidité de l'opération d'une part et le froid de l'autre étant favorables à la conservation de l'enzyme.

Le résultat ne confirma pas mes vues, il ne se déposa que fort peu de sel et l'eau ne se congela pas. évidemment à cause de la concentration saline de la liqueur.

Malgré son insuccès cette expérience me semble tout de même intéressante à citer, car l'échec réside uniquement en ce fait que l'abaissement de la température n'a pas été suffisant.

En disposant d'un cryogène plus énergique, il y a tout lieu de supposer que l'on obtiendrait un liquide possédant un pouvoir glycolytique très supérieur à celui de la liqueur que l'on a traitée.

J'ai passé sous silence un certain nombre d'autres essais que j'ai entrepris en me basant sur ce fait que la fibrine provenant de la coagulation spontanée du sang est très riche en globules blancs qu'elle retient dans son réseau. Par des dissolutions de caillots exécutées au moyen d'agents variés aussi bien chimiques que biologiques, j'avais espéré obtenir des liquides impurs mais au moins riches en ferments. Les résultats ont été loin de répondre à mon attente. J'ai toujours eu des produits d'une activité infiniment moindre que le sang.

Action de l'acide lactique sur le ferment glycolytique

Les acides en général paraissent nuisibles au ferment glycolytique. Claude Bernard recommandait, au cas où l'on voulait surseoir à un dosage de sucre dans le sang, d'additionner la prise d'acide acétique.

MM. Lépine et Barral ont montré que l'acide carbonique paralysait fortement la glycolyse, mais non d'une façon permanente puisqu'il suffit de l'enlever à la pompe à mercure, pour rendre son activité au ferment.

J'ai voulu voir comment le ferment glycolytique se comporterait avec des doses croissantes d'acide. Je me suis adressé de préférence à l'acide lactique puisque c'est lui que l'on soupçonne (Cl. Bernard, Seegen) être un des produits de la destruction du sucre.

De plus il n'est pas volatil à la température des expériences, enfin étant un acide organique il doit avoir un effet plus ménagé sur les matières protéiques que les acides minéraux.

Comme véhicule du ferment je m'adressais au sang

défibriné, directement. Ce milieu n'est pas le plus propice quant à l'interprétation des résultats.

Le sang contient en effet des sels polybasiques dans un équilibre tel, que l'introduction d'un réactif suffit à changer l'état des constituants du liquide. Mais d'autre part le ferment glycolytique se prêtant mal à son obtention dans des conditions meilleures, j'en revins à l'emploi du sang après avoir essayé de macération de fibrine, de globules, etc., toutes opérations aboutissant à la préparation d'un liquide doué d'un pouvoir glycolytique infiniment moindre que le sang défibriné ainsi que je l'ai dit précédemment.

Afin d'amoindrir les erreurs dues aux impuretés et à la fois ne pas employer de fortes quantités de sang, je me servis de sang défibriné et glucosé de façon à lui donner environ une teneur de un gramme de sucre pour 100.

La glycolyse par cet enrichissement se trouve ainsi que M. Lépine l'a démontré sensiblement accrue; mais tous les dosages étant faits dans les mêmes conditions, leurs résultats sont comparables.

EXPÉRIENCE

Je préparai une solution d'acide lactique pur à raison de un gramme d'acide dissous et amené avec de l'eau à 100 centimètres cubes.

D'autre part un chien étant saigné par l'artère fémorale. le sang fut défibriné à la sortie du vaisseau par battage. la fibrine

séparée par filtration au coton de verre ; je fis le mélange suivant :

Solution de glucose à 50 0/0......   5 c. c.

Sang défibriné.................   250 —

J'intitule cette solution mère : sang glucosé.

Je préparai un certain nombre de fioles à fond plat dans lesquelles je mis un volume connu de sang glucosé puis des quantités croissantes de la solution d'acide lactique.

Pour compenser la dilution due à cette dernière je complé-
tai avec de l'eau distillée de façon à avoir un volume total toujours le même.

Je préparai donc les fioles suivantes :

N° 1	Eau......................	2	c. c.
	Sang glucosé.................	50	—
N° 2	Solution d'acide lactique à 1 0/0.	0.5	—
	Eau......................	1.5	—
	Sang glucosé.....	50	—
N° 3	Solution d'acide lactique à 1 0/0.	1	—
	Eau	4	—
	Sang glucosé.................	50	—
N° 4	Solution d'acide lactique à 1 0/0.	1.5	—
	Eau......................	0.5	—
	Sang glucosé	50	—
N° 5	Solution d'acide lactique à 1 0/0.	2	—
	Sang glucosé	50	—

Tous ces flacons furent mis au bain-marie à 39-40°. On fit des
prélèvements de 10 centimètres cubes pour avoir les titres initiaux. en sucre, de chaque fiole. On versa ces prises dans de
l'eau bouillante et les traita ultérieurement d'une façon identique aux prises que l'on fit après que les fioles furent restées
cinq heures au bain-marie. '

Ces nouveaux prélèvements furent aussi de 10 centimètres

cubes. On les versa dans l'eau bouillante comme les précédents et tous ces échantillons subirent un même traitement préparatoire au dosage du glucose. Je rappelle sommairement les phases de l'opération.

Le coagulum séparé du liquide qui le baigne est exprimé puis repris par l'eau bouillante à plusieurs reprises. Les liquides obtenus sont totalement débarrassés de matières albuminoïdes par l'acétate de mercure ; le précipité obtenu est lavé à la solution étendue de ce même sel. Les liqueurs sont précipitées par l'hydrogène sulfuré, l'excès de gaz éliminé par courant d'air, le sulfure de plomb est séparé par filtration, puis lavé.

On amène tous les liquides provenant des différentes prises d'essai à un volume uniforme de 250 centimètres cubes.

Les dosages de sucre ayant été faits il en est résulté les pertes de sucre par litre de sang glucosé suivantes :

Mélange n° 1   0 gr. 731
        n° 2   dosage perdu accidentellement
        n° 3   0 gr. 080
        n° 4   0 — 056
        n° 5   0 — 298

L'on voit donc que la glycolyse a été beaucoup moindre pour les quantités d'acide lactique inférieures à celle contenue dans le mélange n° 5.

Si l'on calcule les quantités par litre de sang, d'acide lactique ajouté dans chaque fiole, nous trouvons les valeurs suivantes évaluées en acide lactique pur :

Mélange n° 1   0 gr. 000
        n° 2   0 — 096
        n° 3   0 — 192
        n° 4   0 — 288
        n° 5   0 — 384

Afin de rendre comparables les résultats de cette expérience avec d'autres ultérieurs, il est avantageux d'exprimer l'activité de la glycolyse autrement que par les pertes absolues de sucre.

En prenant comme base la quantité de sucre disparue dans le sang n'ayant pas reçu de réactif et rapportant tous les autres chiffres de l'expérience à ce dernier, on obtient des expressions représentant les intensités relatives de la glycolyse.

Si nous faisons ce calcul dans le cas présent l'activité du ferment s'exprimera ainsi :

$$\text{Mélange } n^o\ 1 \quad \frac{0.731}{0.731} = 1$$

$$n^o\ 2 \qquad ? \qquad ?$$

$$n^o\ 3 \quad \frac{0.080}{0.731} = 0.109$$

$$n^o\ 4 \quad \frac{0.056}{0.731} = 0.076$$

$$n^o\ 5 \quad \frac{0.298}{0.731} = 0.407$$

Pour éviter ces nombres trop petits nous pouvons tout multiplier par 100.

Et dans ces conditions l'activité du ferment des divers échantillons se trouvera exprimée pour 100, par rapport à la glycolyse de l'échantillon du sang témoin.

On écrira donc pour les valeurs trouvées :

Mélange n° 1 : Activité relative, 100
     —   2   —   ?
     —   3   —   10.9
     —   4   —   7.6
     —   5   —   50.7

Je ferai remarquer à nouveau que ces chiffres n'exprimant que des valeurs relatives, permettent la comparaison avec d'autres obtenus au moyen d'expériences distinctes ; ils sont en effet indépendants du pouvoir glycolytique absolu des différents sangs sur lesquels on peut expérimenter.

Le phénomène remarquable dans l'expérience que je viens d'exposer réside en ce fait que le ferment a été le moins actif avec une dose de 0 gr. 288 d'acide lactique par litre tandis que son activité a été beaucoup plus considérable avec 0 gr. 384 d'acide lactique par litre de sang.

Mettant en regard les quantités d'acide et l'activité relative on observe une discordance complète.

N° du mélange	Acide lactique	Activité de la glycolyse
1	0 gr. 000	100
2	0 — 096	?
3	0 — 192	10.9
4	0 — 288	7.6
5	0 — 384	40.7

Il y a un minimum pour la teneur de 0 gr. 288 d'acide lactique.

Comme j'avais perdu l'analyse destinée à me donner la glycolyse du mélange n° 2 et que d'autre part les sangs n°s 3 et 4 possédaient des activités décroissantes tandis que respectivement leurs titres en acide lactique augmentaient, je ne voulus pas croire au résultat inverse que me donna le n° 5 et mis cette forte glycolyse sur le compte d'une erreur ; croyant impossible une activité de cet ordre, le n° 4 avec moins d'acide ayant une puissance près de six fois moindre.

Je recommençai donc l'expérience en m'attachant à trouver le pouvoir glycolytique pour une teneur de 0 gr. 096 d'acide lactique et surtout pour 0 gr. 384.

Expérience

Du sang défibriné comme pour les expériences précédentes est sucré dans la proportion suivante :

> Solution de glucose à 50 0/0.   5 c. c.
> Sang défibriné.............   250 c. c.

On prépara trois fioles :

N° 1 Eau......................... 2   c. c.
     Sang glucosé................. 50   —

N° 2 Eau.................... 1.5   —
     Solution d'acide lactique à 1 0/0.   0.5 —
     Sang glucosé................. 50   —

N° 3 Solution d'acide lactique à 1 0/0. 2   —
     Sang glucosé................. 50   —

On préleva de suite 10 centimètres cubes de chaque pour obtenir les titres initiaux en sucre et l'on abandonna les mélan-

ges au bain-marie à la température de 39-40° pendant six heu
res. Ce temps écoulé on coagula de nouvelles prises de 10 centimètres cubes, destinées à connaître le glucose restant.

Ces différents coagulums traités selon la technique exposée
donnèrent 250 centimètres cubes de liqueur chaque.

L'analyse releva les pertes en sucre suivantes ramenées au
litre de sang.

$$\text{Mélange n}^o\ 1\ \ldots\ldots\ldots\ \ 2\ \text{gr.}\ 40$$
$$\text{—}\qquad 2\ \ldots\ldots\ldots\ \ 0 - 53$$
$$\text{—}\qquad 3\ \ldots\ldots\ldots\ \ 0 - 74$$

Traduisons ces chiffres en valeur relative en faisant :

$$2\ \text{gr.}\ 40\ \text{égal à}\ 100$$

Nous aurons avec en regard les teneurs d'acide lactique correspondantes :

N° du mélange	Acide lactique par litre	Activité
1	0 gr. 000	100
2	0 — 096	22.0
3	0 — 384	30.0

Le même fait que dans l'expérience précédente se
reproduisait donc. La plus forte quantité d'acide était
celle qui avait le moins entravé le ferment. On remarquera que les deux expériences n'assignent pas tout
à fait la même activité au mélange de 0 gr. 384
d'acide lactique par litre de sang. Dans une des expériences nous trouvons 40.7 et dans l'autre 30.0.

Il se peut que l'un de ces chiffres soit entaché d'erreur mais en admettant même qu'il en soit ainsi le
sens du phénomène peut être considéré comme vrai.

Réunissant les chiffres d'activité relative des deux

expériences avec les activités correspondantes nous aurons le tableau suivant :

Acidité par litre	Activité
0 gr. 000	100
0 — 096	22.0
0 — 192	10.7
0 — 288	7.6
0 — 381	35.3 (moyenne)

En résumé à mesure que l'acidité augmente, le pouvoir glycolytique du sang décroît jusqu'à une limite où il augmente à nouveau.

Le temps m'a manqué pour faire des expériences plus complètes. Il faudrait notamment trouver la quantité d'acide annulant l'action du ferment puis faire des mélanges à des titres encore plus rapprochés et enfin prendre les moyennes d'un certain nombre d'expériences. De plus la diminution d'activité sous l'influence de l'acide lactique est-elle définitive ou au contraire peut-on rendre au sang son activité première par une neutralisation convenable ?

Autant de questions dont je me propose l'étude ultérieure.

Je ne veux pas tenter l'explication de ce phénomène. En additionnant du sang avec un acide, il est bien évident que l'on sature des groupements basiques, le sang étant alcalin dans les conditions où l'on opère.

Si l'on calcule la dose nécessaire d'acide lactique pour saturer l'alcalinité que l'on attribue au sang, l'on voit que les expériences portent sur des valeurs bien moindres. Il y a donc eu variation de l'alcalinité mais jamais on n'a approché du changement de réaction du sang, dans ces quelques essais.

Action du carbonate de soude sur le ferment glycolytique.

Le curieux résultat obtenu avec l'acide lactique m'engagea à voir ce qui se passerait sous l'influence d'un alcalin.

Je choisis le carbonate de soude.

Cette question avait été peu étudiée au point de vue quantitatif. Je fis donc une expérience analogue à celle exécutée avec l'acide lactique. Mais ayant l'idée préconçue, que les alcalins devaient être moins dangereux pour le ferment que les acides, hypothèse fondée sur ce que l'on ne changeait pas la réaction du sang, au contraire on l'augmentait, j'espaçai les valeurs de sel alcalin ajouté.

EXPÉRIENCE :

Je préparai une solution de carbonate de soude.

Carbonate de soude anhydre.	1 gramme.
Eau q. s. pour faire........	100 centim. cubes.

D'autre part un chien ayant été saigné par l'artère fémorale,
le sang défibriné avec les précautions d'usage, on fait le sucrage
du sang.

Solution de glucose à 50 pour 100.   5 centim. cubes.
Sang défibriné................. 250   —

On répartit dans des fioles par portions de 50 centimètres
cubes et l'on ajoute des quantités croissantes de carbonate de
soude en ayant soin comme précédemment de compenser les
effets de la dilution. On a donc les mélanges suivants :

Nº 1 Eau.............................. 2   c   c.
     Sang glucosé...................... 50   —
Nº 2 Solution de carbonate de soude à 1 0/0. 1   —
     Eau.............................. 1   —
     Sang glucosé...................... 50   —
Nº 3 Solution de carbonate de soude à 1 0/0. 2   —
     Sang glucosé...................... 50   —
Nº 4 Solution de carbonate de soude à 1 0/0. 4   —
     Sang glucosé...................... 50   —
Nº 5 Solution de carbonate de soude à 1 0/0. 6   —
     Sang glucosé...................... 50   —

On remarquera les mélanges nºˢ 4 et 5 dont le volume total
n'est plus 52 centimètres cubes mais respectivement 54 et
56 centimètres cubes, la dilution n'est donc plus compensée et
leurs résultats ne seraient pas exactement comparables avec
ceux des mélanges précédents. En effet, le ferment glycolytique est influencé par l'addition d'eau au sang, ici évidemment
la dilution est minime, par suite l'erreur résultante fort petite.
Par une expérience préalable que je ne rapporte pas ici, je
m'étais assuré que le mélange nº 4 devait être sur la limite de
l'activité mensurable et c'est à titre de contrôle que je fis les
deux mélanges sur lesquels j'attire l'attention, persuadé qu'ils
n'accuseraient aucune perte de sucre.

Les mélanges exécutés on préleva de suite 10 centimètres cubes de chaque et on arrêta le ferment selon le procédé ordinaire. Les fioles furent mises au bain-marie à 39-40° et on les y laissa six heures.

Ce délai écoulé on fit de nouvelles prises, des mélanges, de 10 centimètres cubes chaque traitées comme les premières.

Les coagulums, soumis point pour point au même procédé que ceux des précédents dosages, donnèrent des liqueurs d'un volume de 260 centimètres cubes.

Celles-ci titrées au point de vue du glucose donnèrent les résultats suivants :

Perte de sucre par litre de sang :

Nº 1	2 gr. 40
Nº 2	0 — 58
Nº 3	1 — 14
Nº 4	0 — 11
Nº 5	0 — 00

En négligeant l'erreur dueà la dilution spéciale de l'échantillon nᵒ 4, nous avons un maximum d'activité parmi les mélanges alcalinisés et ce maximum ne correspond pas au minimum de carbonate de soude.

Si nous traduisons ces résultats en valeur relative et que nous mettions en regard les quantités de carbonate de soude correspondantes et ramenées au litre de sang, nous aurons le tableau suivant :

Nº des mélanges	Carbonate de soude	Activité
1	0 gr. 000	100
2	0 — 192	24,1
3	0 — 384	47,5
4	0 — 768	4,5
5	1 — 152	0

Le carbonate de soude produit donc sur l'activité du ferment glycolytique un ralentissement tout à fait comparable à celui de l'acide lactique. Certaines doses produisent un affaiblissement plus marqué du ferment que des quantités de sel alcalin plus fortes.

De plus si l'on rapproche les chiffres concernant l'acide lactique de ceux concernant le carbonate de soude, on verra que cette sorte de recrudescence d'activité vis-à-vis de doses de réactifs croissantes, est du même ordre de grandeur et se produit pour le même poids de réactif introduit dans le sang.

Nous relevons en effet pour la dose de 0 gr. 384 d'acide lactique une activité moyenne de 35.3 et pour la même dose de carbonate de soude anhydre une activité de 47.5.

Je n'en conclus pas que des doses indifféremment d'acide lactique ou de carbonate de soude de même poids donnent le même pouvoir glycolytique, mais simplement que des poids de ces réactifs du même ordre de grandeur paraissent avoir des effets retardants sur le ferment qui sont relativement peu dissemblables.

En un mot l'acide lactique et le carbonate de soude sont tous deux défavorables au travail du ferment glycolytique, ils ne se montrent pas beaucoup plus nuisibles l'un que l'autre. Mais l'on peut se rendre compte aussi que ces réactifs ne sont jamais des accélérateurs du ferment au point de lui faire dépasser l'activité qu'il possède dans le sang normal.

Ici plus encore que lorsque j'ai traité l'action de l'acide lactique, je me garderai de formuler la moindre hypothèse sur cette allure spéciale qu'affecte le ferment vis-à-vis du carbonate de soude.

De toute façon les expériences que j'ai faites avec des doses extrêmement petites d'acide lactique et de carbonate de soude, font voir l'importance des variations de l'alcalinité du sang quant à son pouvoir glycolytique.

M. le professeur Lépine a montré tout l'intérêt qu'il faut attacher à la mesure de ce pouvoir au point de vue clinique. La glycolyse est d'une intensité fort différente suivant les états pathologiques.

N'y a-t-il pas une relation entre le pouvoir glycolytique du sang circulant et son alcalinité naturelle, comme cela a lieu pour mes expériences *in vitro* avec des variations d'alcalinité obtenues artificiellement?

Dans cette hypothèse, afin de rendre comparables les résultats cliniques, il ne faudrait pas seulement mesurer le pouvoir glycolytique d'un sang mais encore doser son alcalinité et tenir compte de cette dernière mesure dans l'appréciation de l'activité de la glycolyse.

Conclusions

Les quelques expériences relatées dans cette thèse m'autorisent, je le crois du moins, à émettre les propositions suivantes :

1° Au sujet de ma tentative de préparation du ferment glycolytique :

Le ferment glycolytique n'est pas sensiblement entraîné par la formation du précipité d'albuminoïdes qui prend naissance lorsque l'on sature une macération fraîche de globules sanguins par le sulfate d'ammoniaque. On peut constater la présence du ferment glycolytique dans le liquide surnageant le précipité.

2° L'acide lactique et le carbonate de soude diminuent la glycolyse même à des doses très minimes et du même ordre de grandeur.

Le phénomène parait des plus compliqué à interpréter.

BIBLIOGRAPHIE

1876

Claude Bernard. — Critique expérimentale sur la glycémie, C. R.. 82, p. 1405.

1890

R. Lépine. — Articles dans *Lyon médical.*
— Sur la présence normale dans le chyle d'un ferment destructeur du sucre, C. R. 110. p. 742.
R. Lépine et Barral. — Sur le pouvoir glycolytique du sang et du chyle. C. R. 110, p. 1314.

1891

II. Arnaud. — Note à propos du diabète, C. R. 112, p. 411.
M. Arthus. — Glycolyse dans le sang et ferment glycolytique, *Arch. physiol.*, 23. p. 125.
— Sur le ferment glycolytique. *Mém. Soc. biolog.*, 43, p. 65.
L. Butte. — Action de certaines substances médicamenteuses et en particulier de l'extrait de valériane sur la destruction de la glycose dans le sang. C. R, 112, p. 347

— *Compt. rend. Soc. biolog.*, 43 p. 53.

R. Lépine. — *Revue scientif.*, 28 février, p. 273.

R. Lépine et Barral. — Sur la destruction du sucre dans le sang *in vitro*. C. R. 112, p. 146.

— Sur l'isolement du ferment glycolytique du sang. C. R. 112, p. 411.

— Sur le pouvoir glycolytique du sang chez l'homme. C. R. 112, p. 604.

— Sur la détermination exacte du pouvoir glycolytique du sang. C. R. 112, p. 1185.

— De la glycolyse hématique apparente et réelle et sur une méthode rapide et exacte de dosage du glycogène du sang. C. R. 112, p. 1414.

— De la glycolyse du sang circulant dans les tissus vivants. C. R. 113, p. 118.

— Sur quelques variations du pouvoir glycolytique du sang et sur un nouveau mode de production expérimentale du diabète. C. R. 113, p. 729.

— Sur les variations des pouvoirs glycolytique et saccharifiant du sang dans l'hyperglycémie asphyxique, dans le diabète phloridzique et dans le diabète de l'homme, et sur la localisation du ferment saccharifiant dans le sérum. C. R. 113, p. 1014.

— Le ferment glycolytique et la pathogénie du diabète. Paris, 1891.

— C. R. *Société biolog.*, 25 avril.

1892

M. Arthus. — Glycolyse dans le sang et ferment glycolytique. *Arch. physiol.*, 24, p. 337.

— Glycolyse dans le sang. C. R. 114, p. 605.

Barral. — Sur le sucre du sang, son dosage, ses variations, sa destruction par le temps, par la chaleur et par les tissus vivants. Nouvelle théorie du ferment glycolytique.

M. Colenbrander. — Over het verdwignen van suiker uit het bloed. *Nederl. Tijdschr. V. Geneeskunde*, II, p. 433.

— On der zœkingen, gedaan in het physiologisch laboratorium der Utrecht'sche Hoogeschool. 4 Reeks, II, p. 1.

Jessner. — Zur Frage eines glycolytisches Fermentes. *Berlin. Klin. Wochenschr.*, nº 17.

F. Kraus. — Uber die Zuckerumsetzung im menschlichen Blute ausserhalb des Gefässsystemes. *Zeitschr. f. Klin. Medic*. 21, p. 315.

R. Lépine et Barral. — *C. R. Soc. Biolog.*, 44, p. 220.

Minkowski. — Weitere Mitteilungen über den Diabetes mellitus nach Extirpation des l'ankréas. *Berlin. Klin. Wochenschr.*, nº5.

Sansoni. — Il fermento glicolittico del sangue e patogenesi del diabeto mellito. *Riforma medic*.

J. Seegen. — Uber die Umsetzung von Zucker im Blut. *Centralbl. f. Physiol.*, 5. nº 25 et 26.

1893

R. Lépine et Metroz. — Sur la glycolyse dans le sang normal et dans le sang diabétique. C. R., 118., p. 154.

G. l'Aderi. — Sul preteso potere glicogenico e glicolitico del sangue, del rene, della milza e del pancreas. *Riforma medic.*, nº 292. p. 1.

Fritz Schenk. — Uber Bestimmung und Umsetzung des Blutzuckers. *Pflügers Arch.*, 55, p. 203.

1894

R. Lépine. — Etiologie et pathogénie du diabète sucré. *Revue de Médecine*. 10 octobre.

Spitzer. — Uber der Zuckerzerstörende Kraft des Blutes und der Gewebe. *Berlin. Klin. Wochenschr.*, nº 42, p. 949.

1895

DASTRE. — Recherches sur le sucre et le glycogène de la lymphe. C. R., 120, p. 1366.

R. LÉPINE et METROZ. — Sur sa production du ferment glycolytique. C. R., 120, p. 139.

O. NASSE. — Uber glycolyse. Sitzungsber. d. naturforschend. Gesellsch. zu Rostock. *Rostocker Zeitung*, n° 363.

SPITZER. — Die Zuckerzerstörende Kraft des Blutes und der Gewebe. Ein Beitrag zur Lehre von der Oxydations wirkung der Gewebe. *Pflügers Arch.*, 60, p. 303.

— Die Zuckerzerstörende Kraft des Blutes und der Gewebe. *72 Jahresber, der schlesisch. Gesellsch.f. Vaterlænd Cultur, medic. Abth.*, p. 49 et p. 424.

1896

O. NASSE et F. FRAMM. — Bemerkung zur Glycolyse. *Pflügers Arch.*, 63, p. 203.

PADERI. — Sol presunto fermente glicolitico. *Società med. chirurg. di Pavia*, 12 juni.

1897

D. RYWOSCH. — Uber den Einfluss des Blutegelextractes auf die Glycolyse im Blute. *Centralbl. f. Physiol.* 11, p. 495.

1898

RYWOSZ. — Ein Beitrag zur Lehre über den Zerfall des Zuckers im Organismus. *Arch. f. Verdauungskrankh.*, 4, p. 250.

E. BIERNACKI. — Pamietnik towarzystwa lekarskiego war-
zawskiego (Warschau), 95, p. 673 et 917.

1899

L. GARNIER. — Transformation du glycogène en glucose et
action glycolytique du sang dans le foie après la mort.
C. R. *Société biolog.*, 51, p. 427.

1900

E. BIERNACHI. — Beobachtungen über die Glycolyse in patholo-
gischen Zustænden insbesondere bei Diabetes und func-
tionellen Neurosen. *Zeitschr. f. Klin Medic.*, 41, p. 332.
P. PORTIER. — Sur la glycolyse des différents sucres. C. R.,
131, p. 1217.
F. UMBER. — Zur Lehre von der Glycolyse. *Zeitschr. f. klin.
Médic.* 39, p. 13.

1901

CH. ACHARD et M. LŒPER. — *Arch. de méd. expérim. et
d'anat. path.*, 13, p. 127.
LAMBERT et GARNIER. — De l'action du chloroforme sur le pouvoir réducteur du sang. C. R., 132, p. 493.
R. LÉPINE et BOULUD. — Sur les sucres du sang. C. R., 133,
p. 138.
— Sur les sucres du sang et leur glycolyse. C. R., 133, p. 720.

1902

R. LÉPINE et BOULUD. — Sur le dosage des sucres dans le sang.
C. R., 134. p. 398.
— Sur la glycosurie asphyxique. C. R., 134, p. 492.

IMPRIMERIE F. DEVERDUN, BUZANÇAIS (INDRE).